海南甜橙

无病容器大苗繁育与
配套高效栽培技术

周兆禧　赵家桔　主编

中国农业科学技术出版社

图书在版编目（CIP）数据

海南甜橙无病容器大苗繁育与配套高效栽培技术 / 周兆禧，赵家桔主编. --北京：中国农业科学技术出版社，2022.8

ISBN 978-7-5116-5814-2

Ⅰ.①海… Ⅱ.①周…②赵… Ⅲ.①橙－果树园艺 Ⅳ.①S666.4

中国版本图书馆CIP数据核字（2022）第114578号

责任编辑　周丽丽
责任校对　马广洋
责任印制　姜义伟　王思文

出 版 者　中国农业科学技术出版社
　　　　　北京市中关村南大街12号　　邮编：100081
电　　话　（010）82109194（编辑室）　（010）82109702（发行部）
　　　　　（010）82109709（读者服务部）
网　　址　http://www.castp.cn
经 销 者　各地新华书店
印 刷 者　北京地大彩印有限公司
开　　本　170 mm×240 mm　1/16
印　　张　5.25
字　　数　100千字
版　　次　2022年8月第1版　　2022年8月第1次印刷
定　　价　40.00元

本书的编写和出版，得到2021海南省重点研发项目——海南福橙无病容器大苗繁育和配套高效栽培技术研发与示范（ZDYF2021XDNY118）资助。

《海南甜橙无病容器大苗繁育 与配套高效栽培技术》

编委会

主　　编　周兆禧　赵家桔

副 主 编　林兴娥　谢昌平　周　祥

参编人员　詹儒林　刘咲顿　明建鸿　丁哲利

　　　　　李新国　毛海涛　高宏茂　成建民

　　　　　常秀涛　陈妹姑　朱振忠

前 言 PREFACE

　　海南柑橘主要包括橙、柚和柠檬三大类，而橙又分为甜橙和酸橙，甜橙的品种很多，海南甜橙品种的95%是红江橙。海南是国内柑橘鲜果上市最早、经济效益最好的热带特色产区。目前海南省11个市县种植柑橘类果树，据《海南农业年鉴（2021）》统计，海南柑橘类果树种植面积9 667 hm²（14.5万亩），且种植面积呈逐年增加的趋势，年增长率近6%，其中橙类占比85%以上，面积以橙最大，简称海南甜橙，主要包括"琼中绿橙""澄迈福橙"和"白沙红心橙"等知名品牌。

　　海南甜橙具有口感好、品质优、产量高、色泽美、效益好、摘期长、保鲜久、易包装运输等优点，在同类品种中成熟最早、价格高、挂果时间较长，摘果时间从每年10月延续到翌年2月，是我国橙类上市时间最长的品种，最佳采摘时间正值春节期间，具有很强的市场竞争力。

　　虽然最近几年海南橙类果树产业发展较快，成为地方果农脱贫致富的主产业之一，然而自2006年首次在海南省发现柑橘黄龙病以后，关于柑橘黄龙病对海南省柑橘产业为害的报道不断出现。市场上甜橙种苗质量参差不齐，携带病毒的甜橙苗木四处流传，不带黄龙病的健康大苗缺乏，种植户种植模式传统，观念落后，在幼树期栽培管理不当，对黄龙病防控措施落实不力，造成柑橘黄龙病的自由蔓延，使得很多果园遭受毁灭性灾害，部分以橙脱贫的果农面临返贫的风险。针对目前海南甜橙面临毁灭性黄龙病为害的问题，近年来，中国热带农业科学院海口实验站联合海南大学园艺学院及相关企业开展了海南甜橙无病容器大苗繁育与配套高效栽培技术研发与示范，对海南甜橙无病容器大苗繁育、配套高效栽培管理、采后处理、主要病虫害防控等开展了技术研究，并在参考国内外同行最新研究进展基础上编写了本书，以期为海南甜橙种植企业、农户和农业科技工作者提供参考。

感谢海南大学李新国教授、谢昌平副教授、周祥副教授等的指导与帮助，感谢研究生朱振忠和陈妹姑的协助。由于编者水平所限，书中不妥之处在所难免，敬请读者批评指正。

编 者

2022年6月

目 录 CONTENTS

第一章

海南甜橙发展概况

一、海南甜橙产业现状

目前海南省11个市县种植柑橘类果树，据《海南农业年鉴（2021）》统计，海南柑橘类果树种植面积9 667 hm²（14.5万亩①），每年呈近6%的增加态势，面积以橙最大，简称海南甜橙，主要包括"琼中绿橙""澄迈福橙"和"白沙红心橙"等。海南甜橙源自广东廉江的"红江橙"，在1988年前后，该种类橙子首次引入琼中。历经了琼中红江橙、琼中红橙、海南绿橙等不同名称的变迁后，"琼中绿橙"的名号最终应运而生。涌现出了如"福橙""绿橙"和"红心橙"等知名品牌。

海南甜橙具有口感好、品质优、产量高、效益好、采摘期长、保鲜久、易包装运输等优点，在同类品种中成熟最早、价格高、挂果时间较长，摘果时间从每年的10月延续到翌年的2月，是我国橙类上市时间最长的品种，最佳采摘时间正值春节期间，具有很强的市场竞争力。以"福橙"为例，目前，仅澄迈全县"福橙"种植面积达2万多亩，挂果1万多亩，全县"福橙"总产值已达到5亿多元，当地很多农民收入主要靠种植"福橙"。因此，海南甜橙在地方扶贫攻坚中发挥了积极作用，在乡村振兴发展中依然是优势明显的农业产业之一。

二、海南甜橙品牌建设

（一）琼中绿橙

"琼中绿橙"曾用名为"红江橙""琼中红橙"，是琼中县20世纪80年代后期引进种植，因在海南琼中县独特的土壤气候环境条件下，经过精心培育孕育发展起来的。"琼中绿橙"具有果实饱满、皮绿肉红、皮薄多汁、色泽润绿有光、肉质滑软、化渣率高、酸甜适度、清甜可口、上市早、果实大、适应性强等特点，其独特品质非常符合消费者要求，发展种植潜力大（图1，图2）。

---

① 1亩≈667 m²，15亩=1 hm²，全书同。

图1 "琼中绿橙"外包装

10多年来，为了做大做强"琼中绿橙"产业，琼中县就"琼中绿橙"产业发展做了大量富有成效的工作。自2003年开始申报创建"琼中绿橙"国家级农业标准示范区以来，琼中县加大了"琼中绿橙"标准化生产推广的力度，"琼中绿橙"品质得到明显提高，"琼中绿橙"产品一上市就供不应求。"琼中绿橙"已先后获得国家农业农村部无公害农产品认证、国家绿色食品认证，被评为海南省优质农产海南省品牌产品，还成为"2003年博鳌亚洲论坛年会"指定产品和"第53届世界小姐总决赛"组委会指定专用水果。"琼中绿橙"基地获得全国南亚热带作物名优基地荣誉称号；2004年该县举办了"第三届柑橘产业化论坛和首届绿橙节"，邀请国内著名的科研单位、专家学者、全国柑橘优势区域代表和经销商开展学术研讨，进一步

图2 "琼中绿橙"内包装

扩大了"琼中绿橙"影响。2006年"琼中绿橙"商标被国家商标局批准注册，"琼中绿橙"商标成为海南省第一个地理标志证明的商标；2006年12月，"琼中绿橙"国家级农业标准示范区通过了验收。

（二）澄迈福橙

"澄迈福橙"是澄迈县于2002年从广东引进的红江橙晚熟品种，在澄迈的福山、大丰、桥头、金江等镇种植，通过精心改良培育，逐步选育成具有典型地方特色的热带橙类优良品种（图3，图4）。澄迈特定的地理位置，造就了"澄迈福橙"特有的优良品质，再加之澄迈县人民政府非常注重品牌建设，"澄迈福橙"先后被国家有关部门评为"中国十大名橙""中国国宴特供果品""全国最具特色产品"等荣誉。

图3 "澄迈福橙"礼品外包装

2007年11月，澄迈县被中国果品之乡暨果品产业先进典型评选委员会和中国果品流通协会评为"中国澄迈福橙之乡"。2008年，"澄迈福橙"被正式定为国宴果品，同时被选定为国家女子举重队专用果品。2011年，"澄迈福橙"走进人民大会堂参加第九届中国食品安全年会，2012年，"澄迈福橙"走进钓鱼台国宾馆，作为"中国民营企业家论坛"会议指定果品。在中国（海南）国际热带农产品冬季交易会（简称海南冬交会）上，"澄迈福橙"被评为"优质农产品金奖"和农产品著名商标品牌。2012年11月，"澄迈福橙"被国家工商行政管理局商标局审定注册中国地理标志证明商标。2015年10月22日，"澄迈福橙"通过了农业部"农产品地理标志登记专家评审会"评审。

图4 "澄迈福橙"礼品内包装

（三）白沙红心橙

图5 "白沙红心橙"礼品包装（陈荣 提供）

"白沙红心橙"是17年前从广东省廉江市引进的，首批在原白沙县国营龙江农场种植，经过10多年的本土化种植对比及观察，从中选出果品最优的果树枝条作为母本，采用柠檬作为砧木进行嫁接，从而培育出白沙县本土红心橙，成为市场上又一种新的高品质红心橙品种（图5）。"白沙红心橙"是近年来白沙县继"白沙绿茶""白沙咖啡""白沙姜茶"后，新涌现出来的地方特产，因含糖量高达18%～21%，被当地人称为"最甜的橙"。近年来白沙县人民政府比较重视红心橙产业发展，每年举办"白沙红心橙"产品推荐会，通过电商平台销售到消费者手中，是较受欢迎的海南甜橙之一。

三、海南甜橙产业存在的问题

（一）黄龙病为害严重

柑橘黄龙病是一种全球性、毁灭性、检疫性病害，患病果树的叶片、果实症状明显，病症因品种不同而存在差异。患病果树出现落果严重，产量降低，严重时死亡。自然条件下，柑橘黄龙病主要以柑橘木虱作为传播媒介进行传播，带病苗木或接穗的流通，可造成远距离传播。柑橘黄龙病于2016年首次在海南省发现，仅"琼中绿橙"黄龙病发病面积累计达到4.3万亩，老果园发病率达100%，其中，受害严重的果园共4.1万亩全部摧毁，果农不得已改种橡胶、槟榔等经济作物；一些果园还未投产就受到黄龙病为害，一些刚投产的果园被黄龙病毁灭，现在海南各市县甜橙果园不同程度均受黄龙病的为害。

（二）甜橙种苗混乱

海南甜橙苗圃较多，育苗条件和技术参差不齐，导致种苗的源头把控不到位，苗圃监测管理存在漏洞，种苗经营渠道多，部分种苗未经检疫直接从省外引调进来，品种及种苗混杂、以次充好，影响海南甜橙品种纯度，同时易造成病源交叉感染。

（三）栽培模式与管理技术落后

海南甜橙种植模式相对传统，不仅要考虑台风、地形地貌等常见的影响因素，还要考虑后续投入成本、单位面积土地产出率，以及成本回收期等因素，从而优化传统的栽培模式，结合气候环境、病虫害预测预报的情况进行精细化管理。

（四）果品质量良莠不齐

海南甜橙栽培管理的标准化程度不高，在栽培管理中由于种苗质量、水肥管理、病虫害防控、保花保果等技术相对比较精细，而小规模种植较多，标准化果园相对较少，这就导致了海南甜橙存在果品质量良莠不齐的问题。

四、海南甜橙无病容器大苗繁育种植优势

（一）甜橙无病容器大苗概念

甜橙无病容器大苗，是指在防虫网室中用育苗容器培育、用无病繁殖材料嫁接，得到出圃时规格至少达到普通露地苗栽植后2～3年大小的无病甜橙苗。

（二）种植后提早进入盛果期

甜橙无病容器大苗定植后1年试产，2年可丰产，在丰产前与黄龙病传播媒介（柑橘木虱）露天接触时间短，即在甜橙园收益前大大降低了黄龙病的发生概率；而甜橙小苗种植后需3年试产，4年后才能丰产，在丰产前与黄龙病传播媒介（柑橘木虱）露天接触时间长，在丰产前黄龙病暴发的概率极高。

（三）降低幼树期甜橙黄龙病感染率

缩短幼树期是降低黄龙病感染率、延长有效结果年限的有效途径。防虫网室培育种苗时无毒无害，又从源头杜绝了病毒感染，大大减轻了果农针对黄龙病的防控压力。

（四）提早回收甜橙投资成本

甜橙无病容器大苗株高1.5 m以上、嫁接口上方主干直径1.5 cm以上、根系发达，种植后生长快，当年可形成丰产树冠，翌年基本丰产，株产达20 kg左右，投产及收益快（图6，图7）；传统裸根小苗较弱小、根系少，生长慢，投产及收益慢。

图6　甜橙容器大苗

图7　甜橙容器大苗定植后翌年

第二章

甜橙无病容器大苗繁育技术

一、苗圃地选择

海南甜橙无病容器大苗繁育苗圃地的选择应从当地的实际情况出发，应重点考虑以下因素建苗圃基地。

地理位置：无病容器大苗苗圃地应选择交通便利，靠近水源，远离柑橘类老果园，尤其远离黄龙病发生的果园，并注意选择没有空气污染的地方。

地势条件：选择地势开阔、平坦、背风向阳和排灌良好的地方作苗圃。

土壤条件：苗圃地要求土壤质地疏松、土层深厚、有机质丰富，透水、透气性良好，pH值在5.5～6.5，以壤土、沙质壤土或红壤土为好，便于选配基质材料。

灌溉条件：无病容器健康大苗的生长发育需要有充足的水源。因此，苗圃地附近应有充足的水源条件和完善的灌溉设施。

二、简易育苗棚搭建

甜橙无病容器健康大苗是在大棚中进行培育，采用平顶式大棚，立柱可选国标50热镀锌钢管，立柱离地面高3 m，地下混凝土浇筑0.5 m，立柱间距6 m左右，立柱间可用国标40热镀锌方管链接（图8），用防虫网（孔径规格≤1.0 mm×0.6 mm）周围全覆盖阻隔柑橘木虱。大棚内部或外上方覆盖遮阳率75%左右的遮阳网，用于棚内温度过高时遮阳降温，遮阳网可移动

图8 简易防虫网大棚立柱架

以便调节光照，海南4—9月注意需要棚内降温（图9）。如果不考虑育苗成本，用标准化抗台风智能温室大棚最好。

图9 简易防虫网大棚搭架外形

三、砧木培育

　　海南甜橙砧木品种通常选用红橘或柠檬。选健康饱满、无病虫害的砧木种子，播种前用50 ℃热水浸泡5 min，然后用55～56 ℃热水浸泡50 min，育苗棚无病虫环境中催芽，待砧木小苗10～15片叶时移栽（图10）。为了保证砧木苗移栽时根系完整无损，移栽前1～2天灌透1次水，可直接将苗移栽于容器内，移苗容器可先用小规格容器，后期再根据需要移栽至大容器内，或者将苗直接移栽于规格为35～45 cm的无纺布育苗袋等大容器内繁育大苗。

图10 小苗移栽至无纺布育苗容器

四、种苗嫁接

接穗来源应该选择经过检疫部门鉴定过无病虫害的优质高产植株上采取，一般是母本园内采，采接穗时在母本植株树冠外围中上部选取充分成熟、健壮、芽点饱满的秋梢或春梢，每条接穗上有3个以上饱满的芽点。采取的接穗统一消毒杀菌后再嫁接。嫁接时间优先推荐春、秋季嫁接，嫁接方法可以采用单芽切接或单芽腹接，嫁接口离地面10～20 cm。也可以直接采购于有育苗资质，经过检疫合格后的裸根小苗再进一步在育苗棚内繁育成大苗。

五、苗期管理

（一）育苗基质

在海南，甜橙育苗基质可就地取材，育苗基质可选用红壤土、椰糠和腐熟羊粪按照体积比（5～6）：（2～3）：2混合而成，育苗基质有效固定甜橙大苗生长发育，并为根系提供有效疏松、肥沃、保水、透气的良好生长环境。

（二）苗木装袋

棚内无病容器大苗繁育时，可选用35～45 cm的无纺布育苗袋，也可选用育苗盆。推荐选用无纺布育苗袋，成本低（图11）。棚内育苗密度为300～500株/亩。

图11　无纺布装满基质

（三）肥水管理

无病容器大苗繁育期水肥管理的目的是促进苗木速生快长，提高苗木质量，通常采用水肥一体化施肥。通过滴灌或托管淋水肥的方式，每10～15天可用1%腐熟的300倍有机肥液或0.3%～0.5%的高氮复合肥（N：P_2O_5：K_2O）或尿素浇透容器苗1次，追肥可视苗木生长需要而定（图12）。

图12　容器大苗水肥一体化

（四）苗期定干培养主枝

在容器苗长到30～40 cm时，摘心定干，促进侧枝萌发，主干上选3～4个分布均匀的健壮枝条留作一级主枝，当一级主枝长到10 cm左右时再次摘心，选留长势健壮分布均匀的枝梢作为二级侧枝，依次培养三级侧枝。在育苗棚里容器内培养形成骨干枝（图13）。

图13　苗期定干培养骨干枝

（五）病虫防控

苗期主要病虫害有炭疽病、溃疡病、潜叶蛾等，详见第四章。

六、苗木出圃

（一）甜橙无病容器出圃要求

甜橙无病容器大苗出圃要求苗木品种纯正、嫁接口愈合良好、无检疫性病虫害、株型良好、生长健壮等，也可以根据生产实际进行灵活的培育并选择所需要的植株大小适宜、冠幅美观等丰产树型，一般要求植株高度160 cm左右，其中主干30～40 cm，分布均匀的主枝3～4条，二、三级侧枝完好，根须发达等（图14，图15）。

图 14　无纺布容器大苗　　　　图 15　盆栽容器大苗

（二）甜橙容器大苗取苗及运输

1. 取苗

取苗要注意取苗时间、取苗方式、分级登记等。取苗时间一般根据田间种植时间的安排而定，取苗前3～5天停止浇水，避开在下雨天和太阳暴晒下取苗。取苗方式根据容器苗的大小而选择取苗方式，取苗前先检查根系是否串袋扎入土中，如果根系已串袋需要先断根处理。苗木小可人工取苗，苗木太大需要用小型起重机或者叉车等机械取苗；取苗后需要分级登记，苗木出圃时要清理并核对品种（系）标签，记载育苗单位、出圃日期、出圃数量、销售去向、砧木品种、接穗品种（系）、等级、批量等信息，发苗人和接苗人签字后入档保存。

取苗注意事项：一是保护容器内土球，避免土球散而伤到根系；二是避免枝梢的机械损伤；三是取苗时对枝梢和叶面可适当修剪，降低蒸腾作用。

2. 运输

根据苗木种植的基地和种苗情况而选择适当的运输工具，就地种植可采用手推车和平板车，远距离运输可采用拖拉机等运输工具；向外调运的苗木，在起运前按《农业植物调运检疫规程》（GB 15569—2009）及《中华人民共和国植物检疫条例》的规定，经检疫人员的检验合格后办理植物检疫证书；运输时连同完整容器调运，苗木分层装在有分层设施的运输工具上，分层设施的层间高度以不伤枝叶和破坏容器内土球为准；调运途中严防日晒、雨淋，苗木运达后立即检查，尽快定植。

第三章

甜橙高效栽培管理

一、选址建园

（一）园地选择

1. 气候条件

适合种植地区气候，年均气温22.8 ℃，年均日照1 743.1 h，年有效积温（≥10 ℃）8 180 ℃以上，最冷月均温16.6 ℃，极端低温≥-2 ℃，历年平均最高温26.9 ℃；年均降水量2 000～2 400 mm，年均湿度80%～85%。

2. 地理条件

远离种植柑橘类果树的老果园，选海拔高度在200 m以下，坡度在15°以下，土质疏松深厚，富含有机质，土壤透气好，地下水位低（1 m以下）的微酸性土壤，而且果园交通便利，水资源丰富。避开风口地带，同时配植防风林。坡度6°～15°的山地、丘陵，建园时需要修筑等高梯地或撩壕沟。

（二）果园规划

1. 作业小区规划

种植规模较大的果园可建立若干个作业区。作业区的建立依地形、地势、品种的对口配置和作业方便而定，一般500～1 000亩为一个作业大区，200～300亩为一个作业中型区，20～25亩为一个作业小区。

2. 道路系统规划

果园道路系统主要是为了运营管理过程中交通运输所用，可根据果园规模大小而设计道路系统，一般分为主路、支路等，主路宽度一般5～6 m，支路宽度一般2～4 m（图16，图17）。

3. 排灌系统规划

（1）排水系统

山坡地果园的排水系统主要有等高防洪沟、纵排水沟和等高横排水沟。在果园外围与农田交界处,特别是果园上方开等高防洪沟。纵排水沟是指利用天然的汇水沟作纵排水沟,或在道路两侧挖排水沟。等高横排水沟,一般在横路的内侧和梯田内侧开沟。

平地果园的排水系统,应在果园周边开排水沟、园内纵横排水沟和地面低洼处的排水沟,以降低地下水位和防止地表积水。

图 16　甜橙园区主路

图 17　甜橙园区支路

（2）灌溉系统

具有自流灌溉条件的果园,应开主灌沟、支灌沟和小灌沟。这些灌沟一般修建在道路两侧,地形地势复杂的果园自流灌沟依地形地势修建。没有自流灌溉条件的果园,修蓄水池,设置水泵、主管道和喷水管(或软胶塑管)进行自动喷灌或人工移动塑料软胶管浇水(图18,图19)。

图 18　甜橙园内蓄水池

图 19　水肥一体管道

4. 防护林规划

海南每年7—10月是台风高发期，海南甜橙果园种植规划中一是要考虑避开风口，二是要人工建造防风林。防风林可以降低风速，减少风害，增加空气温度和相对湿度，促进提早萌芽和有利于授粉媒介的活动。在没有建立起农田防风林网的地区建园，都应在建园之前或建园同期，建造防风林（图20）。甜橙果园防风林一般选用台湾相思、木麻黄、印度紫檀、非洲棟、刺桐、榄仁树、银桦、柠檬桉、榕树等。

图 20 种植小区建造防风林

5. 附属设施规划

大型果园应建设办公室、值班室、宿舍、农具室、包装房、仓库等附属设施，附属设施建设占地面积一般控制在5%以内，建设情况根据地方政府相关规定实施，以免造成不必要的损失。

（三）开垦及种植前准备

1. 种植前整地

坡度小于5°的缓坡地修筑沟埂梯田，大于5°的丘陵山坡地宜修筑等高环山行（图21）。一般环山行面宽不低于2.5 m，考虑小型机械化作业可以在4.0~8.0 m，根据坡地和丘陵地形而定。平地两犁两耙，开沟施肥，种植前一个月，每穴施腐熟有机肥20~30 kg，钙镁磷肥1.0 kg，基肥与表土拌匀后回满种植沟穴。

图21　甜橙坡地环山行种植

2. 定标挖穴或开沟

根据园地环境条件、品种特性和栽培管理条件等因素确定种植密度。密植型按照株行距（2~3）m×（3~4）m为宜，每亩种植55~80株；宽行窄株型株行距（2~3）m×（5~6）m为宜，每亩种植37~55株（图22）。根据土地及种植安排，一般实施开沟种植（图23）和挖穴种植（图24），种植沟深0.8 m左右，沟面宽1.0 m左右；种植穴规格为0.8 m×0.8 m×0.8 m左右。

图22　甜橙平地宽行窄株种植

图 23　开沟种植

图 24　挖穴种植（成建民　提供）

二、栽培模式

（一）矮化密植栽培模式

推荐实施矮化密植的栽培模式，根据平地、丘陵地及坡地的地理条件和机械化作业而安排适宜的种植密度，山地或瘠瘠地适当密植，平地、水田种植稀疏一些。

（二）甜橙幼树间作模式

甜橙幼树间作菠萝栽培模式，利用甜橙幼树种植后翌年试产，第3年高产，且宽行间间作菠萝短期作物，可以实现菠萝收果1～2次，收吸芽种苗1次，其余残株粉碎还田（图25，图26）。

图25　甜橙幼树间作菠萝

图26　间作模式甜橙和菠萝长势

三、栽植技术

（一）定植时间

海南一般一年四季均可种植，但推荐优先考虑春植、秋植。无灌溉条件的果园应在雨季定植。

（二）定植密度

一般每亩种植37~80株，幼树间作及机械化作业可以采用宽行窄株型株行距（2~3）m×（5~6）m为宜，每亩种植37~55株（图27）。

甜橙宽行窄株种植密度为（2~3）m×（5~6）m为宜，每亩种植37~55株。宽行间间作菠萝2~3行，株行距为（0.2~0.3）m×（0.3~0.4）m，每亩间作菠萝1 100~1 600株（图28）。

图27 甜橙宽行窄株栽培模式　　图28 行间间作菠萝栽培模式

（三）定植要点

定植时将甜橙苗置于穴中间，然后将育苗袋解开，切忌把育苗袋埋入种植沟或穴内，应集中收集处理。

1. 平齐

是指定植时根茎结合部与地面平齐，或稍微高于地面，避免太低而造成积水，太高而造成根系裸露。

2. 扶正

是定植时将种苗扶正，保持与地面保持垂直，以便植株生长发育。

3. 填土

基肥与土壤充分混匀后，把种苗放入种植沟或穴中央，在扶正种苗的条件下陆续回填土壤，填土时切忌边回填边踩压，防治根系周围土球被踩散造成根系伤害。

4. 树盘

当土壤回填种植沟或穴后，在树苗周围做成直径0.8～1.0 m的树盘。树盘的作用：一是确保浇定根水时水集中到根系部位，根系容易吸收；二是下雨时可以自然收集到雨水；三是保护根系。

5. 定根水

定植后，修好树盘，及时淋透定根水（图29）。定根水的作用：一是及时给植株提供水分；二是定根水能让土壤与植株根系充分结合，避免造成根毛悬空于土壤颗粒空隙之间，从而造成植株缺水而旱死。定根水的用量一般每株15～30 kg，根据具体土壤条件而定。

图 29　树盘内淋透定根水（成建民　提供）

6. 覆盖

定植后利用稻草、秸秆、杂草、地布等对树盘进行覆盖，树盘覆盖可以对树盘土壤进行保水，防止因暴晒而板结（图30）。

图30　种植行地布覆盖

四、土肥水管理

（一）幼树

海南甜橙无病容器大苗幼树管理是指定植后1年以内进行肥水管理，目的是促进幼树快速生长，培养早结丰产树型。

1. 土壤管理

幼树甜橙果园土壤管理，主要是为了提高土地单位面积产出效率、保持土壤疏松透气、抑制杂草滋生、提升土壤肥力、降低土壤板结和水分蒸发。主要做法如下。

一是行间间作短期作物等，主要包括幼树间作菠萝、绿肥等（图31）。

二是实施甜橙树盘覆盖，主要采用地布、稻草等覆盖材料覆盖树盘或者甜橙种植行。甜橙行间生草覆盖，每隔　段时间把果园的杂草进行割草粉碎还田。

三是扩穴改土，结合施有机肥时进行扩穴改土。

图31　甜橙果园间作菠萝提供土地产出率

2. 肥水管理

（1）重施基肥

甜橙无病容器大苗田间定植时到定植后要重施有机肥，定植时每株施有机肥20～30 kg（主要包括腐熟畜禽粪便）和钙镁磷肥1.0 kg，有机肥与种植穴或沟的土壤充分混匀回填到植株根系周围；如果是春季定植，待11月左右再施1次有机肥，以促进过冬及翌年开花结果。

（2）勤施追肥

幼树施肥以氮肥为主，配合磷、钾肥，勤施薄施。春、夏、秋梢抽生期施肥6～8次，一般以"一梢两肥"为宜，分别在枝梢萌芽期及老熟期施用。顶芽至新梢转绿前增施根外追肥。1～3年生幼树单株年施纯氮200～400 g，氮、磷、钾比例以1：（0.3～0.4）：0.6为宜。施肥量应逐年增加。

（3）果园灌溉

海南甜橙在春梢萌动期、开花期和果实膨大期对水分敏感，这一时期若发生干旱应及时灌水，保持果园甜橙根系范围内土壤湿润状态。

（二）成年树

1.土壤管理

海南甜橙果园的土壤管理主要包括深翻熟化、加厚土层、增加有机质，其目的是改善土壤理化性状、提高肥力，为根系生长创造良好条件，而扩穴改土培肥是果园土壤提肥增效的有效方法。

（1）扩穴改土的时间

一般采果后结合重施有机肥时进行。

（2）扩穴改土的方法

扩穴改土结合果树施肥进行，方法包括：环沟状扩穴改土、行间扩穴改土、株间扩穴改土。

①环沟状扩穴改土。在树冠滴水线外开挖深30 cm、宽20 cm、长30～40 cm相对的2条沟，年施有机肥20～30 kg，结合施复合肥0.2～0.3 kg和钙镁磷肥0.1 kg，有机肥等和土壤充分混匀后回填。翌年在未开沟处再相对开2条沟，年施有机肥30～40 kg、复合肥0.3～0.4 kg，逐年轮换进行，可取得较好的效果。

②行间扩穴改土。对于平地果园，一般采用行间深翻扩穴改土，在每两行果树间开沟，第1次在两行果树间扩穴深翻作业，第2次再扩穴深翻另外两行果树间的土壤。两行果树间开挖深30～40 cm、宽40～50 cm（视果树行间距大小而调整）的沟，年施有机肥40 kg左右，结合施复合肥0.4～0.6 kg和钙镁磷肥0.2 kg，有机肥等和土壤充分混匀后回填。翌年再深翻另外两行果树间的土壤。

③株间扩穴改土。两株果树间进行扩穴改土，第1次深翻作业时先翻果树相对两面土壤，第2次再深翻另外两面的土壤，整个深翻改土作

业分两次进行。对面深翻一次性投工较少，还能避免伤根。在两株果树间开挖深30～40 cm、宽40～50 cm、长60～80 cm（视果树行间距大小而调整）的沟，年施有机肥40 kg左右，结合施复合肥0.4～0.6 kg和钙镁磷肥0.2 kg，有机肥等和土壤充分混匀后回填。翌年再深翻另外两面的土壤。

2. 施肥管理

1）施肥时期、施肥量及种类

（1）催花肥

花前萌芽肥以氮、磷、钾为主，氮施用量占全年的20%，磷占全年40%～45%，钾占全年的20%。

（2）壮果肥

壮果肥以氮、钾为主，配合施用磷肥，氮施用量占全年的30%～40%，磷占全年的35%，钾占全年的50%。

（3）采果肥

采果后施足量的有机基肥，占全年施肥量的60%～70%，氮施用量占全年的40%～50%，磷占全年的20%～25%，钾占全年的30%。

2）施肥方式

（1）土壤施肥

土壤施肥是将肥料施在根系生长分布范围内，便于根系吸收，最大限度地发挥肥料效能。土壤施肥应注意与灌水结合，特别是干旱条件下，施肥后尽量及时灌水，或者在将要下雨时施肥。海南甜橙常用的施肥方法有以下几种。

①环状沟施。环状沟施如图32所示，在树冠外围稍远处即根系集中区外围，挖深30 cm、宽20 cm环状沟施肥，然后覆土。环状沟施肥一般多用于幼树。

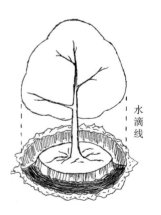

水滴线

图32　环状沟施肥法

（刘咲顺　手绘）

②条状沟施。如图33所示，在果树行间、株间或隔行挖沟施肥后覆土，也可结合深翻土地进行。挖施肥沟的方向和深度尽量与根系分布变化趋势相吻合，一般条沟深30 cm，宽根据果树行间而定。

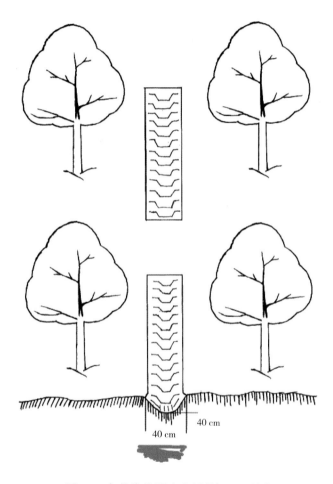

40 cm

40 cm

图33 条状沟施肥法（刘咲頔 手绘）

③放射状沟施。如图34所示，以树干基部为中心，呈放射状向四周挖多条（4~6条或更多）沟。沟外端略超出树冠投影的外缘，沟宽30~70 cm，沟深一般达根系集中层，树干端深30 cm，外端深60 cm，施肥覆土。隔年或隔次更换施肥沟位置，扩大施肥面积。

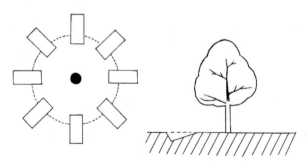

图 34　放射状施肥法（刘呋顿　手绘）

④穴状施肥。如图35所示，在树干外50 cm至树冠投影边缘的树盘里，挖星散分布的6～12个深约40 cm、直径30 cm的坑穴，把肥料埋入即可。这种方法可将肥料施到较深处，伤根少，有利于吸收，且适合施用液体肥料。

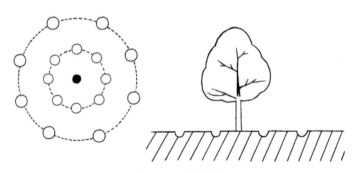

图 35　穴状施肥法（刘呋顿　手绘）

⑤全园撒施。将肥料均匀地撒在土壤表面，再翻入深20 cm的土壤中，也有的撒施后立即浇水或锄划地表。成年果树或密植果园，根系几乎布满全园时多用此法。该法施肥深度较浅，有可能导致根系上翻，降低果树抗逆性。若将此法与放射状沟施法隔年交替应用，可互补不足。各地还有围绕树盘多点穴施等施肥形式，作为撒施和沟施的补充方法。

（2）水肥一体化

水肥一体化技术是指灌溉与施肥融为一体的农业新技术。水肥一体化是借助压力系统（或地形自然落差），将可溶性固体或液体肥料，根据土壤养分含量和作物种类的需肥规律和特点，配兑成的肥液与灌溉水一起，通过可控管道系统供水、供肥，使水肥相融后，通过管道和滴头形成滴灌，施入海南甜橙根系发育生长区域。对一些中微量营养元素和液体有机肥等最适宜采用水肥一体化技术。其特点是可控、节水，肥随水走，供肥较快，肥力均匀，对根系损伤小，肥料利用率高，节省劳动力，增产增效，水肥一体化技术成为了现代果园象征之一（图36至图39）。

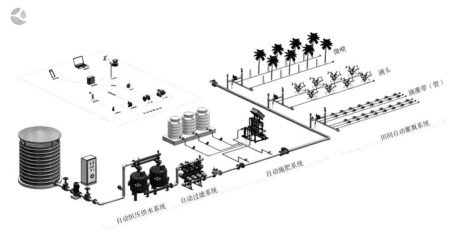

图 36　果园水肥一体化灌溉系统示意（沈明海　提供）

图 37　水肥一体化控制室
（沈明海　提供）

图 38　甜橙单管滴灌
（沈明海　提供）

图 39　甜橙双管
滴灌

（3）根外追肥

根外追肥又称叶面施肥，是将水溶性肥料或生物性物质的低浓度溶液喷洒在生长中的作物根外，枝、叶和果等部位上的一种施肥方法。海南甜橙的枝、叶和果等部位都有不同程度的吸肥能力，而叶面施肥有见效快、效果好的特点。叶片吸收是通过气孔、细胞间隙、细胞膜进行，气孔及细胞间隙多、细胞膜薄、组织幼嫩的吸收率高。叶片施肥要注意的事项如下。

①时间。喷施时间应在早晨露水干后，或者下午至傍晚避开太阳暴晒的时间，另外在甜橙生长发育过程中，开花期和果树迅速膨大期多喷施中微量营养元素的肥料。

②温度。温度高时，喷雾在叶面的肥液干得快，影响养分的吸收效果，避开12：00—15：00太阳暴晒时喷施。

③叶龄或部位。幼嫩叶片生理机能旺盛，一般幼嫩叶单位面积气孔数量比老叶多，角质层薄，有利于吸收；同龄的叶片背面要比叶片表面易吸收。因此，喷施时多喷幼嫩叶片和叶片背面为主。

④肥料种类。不同液体肥，其渗入速度不同，对植物吸收量也不同，阳离子进入多，阴离子进入少，其原因是细胞壁本身带负电荷。对于海南甜橙在开花期，多选富含硼元素的叶面肥喷施有利于海南甜橙花粉管萌发和授粉受精，在果实膨大期多选富含钙、镁等中微量营养元素的叶面肥。

⑤喷施浓度。科学掌握叶面肥的喷施浓度十分重要，浓度过高，造成肥害，而且微量元素如浓度过高还可能造成毒害；而浓度过低，则肥效不明显。磷酸二氢钾常用的喷施浓度为0.3%左右，硼砂（或硼酸）常用的喷施浓度为0.2%～0.3%，尿素常用的喷施浓度为0.3%～0.5%，具体根据肥料类型及树势和天气而定。

3. 果园灌溉

海南甜橙在春梢萌动期、开花期和果实膨大期对水分敏感。此期若干旱应及时灌水。多雨季节或果园积水时通过沟渠及时排水。果实采收前多雨还可通过地膜覆盖园区土壤，降低土壤含水量，提高果实品质。

4.杂草防控

（1）地布覆盖防杂草

可以选用可降解类地布覆盖抑制杂草生长，根据园区情况，可进行种植行覆盖或全园覆盖（图40）。

图40　种植行地布覆盖抑制杂草生长

（2）果园间作抑制杂草

在海南甜橙园可间种花生、异果山绿豆、柱花草、绿肥等作物，定期割草粉碎还田（图41，图42）。

图41　园区种绿肥（虞道耿　提供）

图42　园区自然生草

（3）定期割草还田

树冠下树盘内的杂草平时要清理，或者用地布覆盖防止杂草生长。果园的杂草用割草机定期割草粉碎还田，注意在杂草种子成熟前进行割草还田，能增加果园有机质、保持园区土壤水肥、调节果园湿度（图43）。

图43　割草还田

五、树体管理

（一）幼树树体管理

海南甜橙无病容器大苗幼树树体的管理主要是指种苗栽植于田间1年的管理，主要目的是培育丰产树形和健壮树体。由于甜橙无病容器大苗在育苗期已定干并培养了一、二级枝，栽植于田间要继续促进一、二级枝梢老化，并继续培养新的枝梢。

甜橙幼树每年可抽生4～5次枝梢，春梢在1月下旬至2月上中旬抽生，夏梢是4月上旬至6月下旬，秋梢8月下旬至9月上旬，冬梢是11—12月抽生。若是春季栽植的甜橙，这一时期较少抽春梢。

管理主要工作是抹芽控梢，做到"去早留整齐，去少留多"，把早抽出的零星嫩芽及时抹掉，4～6天抹1次，促使更多芽同时萌发，待到全园80%以上的植株和80%以上的枝条萌发2～4个新芽时统一留梢，留梢后待芽长到6～10 cm时，疏去密弱芽、徒长芽、病虫害芽，每条枝梢留分布和长势均匀芽2～3条，并喷药保梢。这一时期主要防潜叶蛾为害，详见第四章。

重点留秋梢作为翌年的结果枝，另外在冬季修剪以轻剪为主，对选定的主枝、副主枝及延长枝进行中度短截，避免过多疏剪和重短截，除了对过密枝疏剪外，内膛枝和树冠中下部枝梢一般都可保留。

（二）成年树树体管理

甜橙成年树树体管理也就是结果期的树体管理，管理的目的是平衡树体营养，保持连年丰产稳产，主要技术措施是保持丰产树型、培养健壮结果母枝、控梢促花、保果等。

1. 整形修剪

海南甜橙无病容器大苗种植后第2年处于初结果期，其整形修剪技术是，重点是采果后修剪，短截各级骨干枝延长枝，对夏梢、秋梢及时抹芽放梢。对过长的营养枝留8~10片叶及时摘心，回缩或短截结果后枝组。对于夏、秋抽生的营养枝梢时，短截1/3长势较强的枝，疏去1/3长势衰弱的枝，保留1/3长势中庸的枝。夏、秋季修剪主要是抹芽放梢，留1次晚夏梢，1次秋梢，培养结果枝。

海南甜橙无病容器大苗种植第3年后属于盛果期，其整形修剪技术是保持丰产树型，重点是及时回缩结果枝组、落花落果枝组和衰退枝组，剪除枯枝、病虫枝。对较拥挤的骨干枝适当疏剪开天窗，将光线引入树冠内膛，保持整个树体光照良好。对当年抽生的夏、秋营养枝梢，通过短截其中部分枝梢，调节翌年产量，防止大小年结果。适当疏花或疏果。对无叶枝组，在重疏删基础上，对大部分或全部枝梢短截处理。盛果期树一般不抽夏梢，通过抹除零星芽，放出一批秋梢。

2. 控梢促花

（1）控梢

控制冬梢萌发。秋梢老熟后，结果较少的、树势壮旺的甜橙容易萌发冬梢，冬梢萌发会影响养分积累和翌年开花量。因此，秋梢老熟后甜橙的管理目的就是控制冬梢萌发，积累养分，促进花芽分化。

（2）促花

促进花芽分化，树体管理主要采取以下措施促进花芽分化，在秋季采用环割、断根、拉枝或施用促花剂等措施促进幼、旺树花芽分化。环割时间在9月中旬至10月底，依树势不同，在主干上闭合环割或螺旋环割两圈。甜橙花芽抽出时间在1月中下旬至2月中上旬。甜橙花芽多与春梢一起抽出，由此，在出现花蕾前后，全园要灌水，促进花芽整齐抽出。如果树体较弱的，结合灌水和施肥（图44，图45）。

图 44　花芽萌发

图 45　盛花期

①环割促花。具体操作是前一年放出的甜橙在10月中下旬秋梢老熟后、挂果树采果结束后，在主枝或主干上，闭合环割或螺旋环割1~2圈，主要环割用刀锋利干净，以割断树皮而不伤到木质部，弱树老树不宜环割，雨天潮湿不宜环割，为了避免环割造成的病害交叉感染，每环割一株树则用酒精消毒环割刀面（图46）。

②断根控水促花。具体操作，结合深耕改土，在树盘滴水线内外深翻15~20 cm，断去甜橙部分根系，树盘保持不生杂草，适当干旱，以达到断根控水的目的。

图 46　环割催花

3. 保花保果

2月底至3月初，是甜橙开花时期，3月中下旬谢花后有小果。管理的主要工作是保持树势健壮，树盘根系范围湿润，控制早发夏梢，合理使用药剂保果。

（1）合理施保花保果肥

除了上述介绍的施肥措施外，这一时期适时喷施叶面肥辅助保花保果，叶片喷施富含硼的有机叶片肥加糖补充营养和能量。

（2）及时合理排灌

开花坐果期间，遇上干旱天气时每7～10天进行1次灌溉，并且树盘覆盖，保持树盘根系范围内湿润，遇雨天易积水的果园，应注意及时排水，防止积水伤害到植株根系。

（3）合理用药保果

在花期及生理落果期合理使用激素结合高钾有机肥进行叶片喷施保果，谢花后第1次生理落果期（谢花后3～5天）喷施1次赤霉素30～50 mg/L加细胞分裂素或防落素，结合喷施有机叶面肥，第2次生理落果期（谢花后25天左右）再喷施1次，减少落果和裂果（图47）。

图47 喷药保果

（4）控制夏梢

结果树易抽发夏梢，要根据树体生长情况，可适当留取部分夏梢用来扩大树冠，大多夏梢在芽期就需要疏除，生长比较壮旺的树可结合谢花后在主枝上环割抑制夏芽萌发，减少落果。

（5）合理留果

合理疏果留果是为了保证果实产量和品质，根据树势强弱采取对应的疏果留果措施，疏果一般在第2次生理落果结束后进行，一般在5月左右，果实乒乓球大小时候，树势弱结果多的树疏果多，疏去畸形果、病虫害果，留果多少可以参照叶果比进行，一般叶果比为（40~50）：1，相当于40~50片正常功能叶片供养1个果（图48）。

图48 合理留果

第四章

甜橙主要病虫害防控

一、病虫害防治方法

柑橘类的橙病虫害多达上百种，病虫害对幼树和成年树都有为害，通常影响产量和果实品质，甚至有的是毁灭性病害，海南甜橙常见病虫害防治要坚持"预防为主，综合防治"的植保方针，主要采用以下综合性措施防治。

（一）植物检疫

植物检疫是禁止检疫性病虫害从疫区传入海南省境内，海南甜橙不能从疫区调运苗木、接穗、果实和种子，一经发现立即销毁，必须调运种苗繁殖材料时一定要检疫合格后方可放行。

（二）农业防治

农业防治是指果园种植规划时种植防护林、选用抗病虫品种、砧木、果园间作、修剪、清洁果园、排灌、控梢和翻土培肥等农业管理措施，减少虫源和病源、加强田间管理、增强树势、提高植株自身抗病虫害能力、提高产量和果实品质。

（三）物理防治

物理防治是指利用简单工具和各种物理因素防治病虫害的措施。甜橙病虫害常见物理防治方法如下。一是应用灯光防治害虫，可用黑光灯引诱金龟子、卷叶蛾等，用黄光灯驱避吸果夜蛾（图49）；二是

图49　灯光诱杀

应用趋化性防治害虫，大实蝇、拟小黄卷叶蛾等害虫对糖、酒、醋液有趋性，可利用其特性，在糖、酒、醋液中加入农药诱杀；三是人工捕捉害虫、集中种植害虫中间寄主诱杀害虫，人工捕捉天牛、蚱蝉、金龟子等害虫；四是在吸果夜蛾发生严重的地区人工种植中间寄主，引诱成虫产卵，再用药剂杀灭幼虫。

（四）生物防治

人工引移、繁殖释放天敌，甜橙园周围或行间种植藿香蓟（白花草），养捕食螨防治螨类；用日本方头甲和湖北红点唇瓢虫等来防治矢尖蚧；用松毛虫、赤眼蜂防治卷叶蛾等，以虫治虫。

（五）化学防治

禁止使用高毒、高残毒或有三致作用（致癌、致畸、致突变）的药剂。限制使用中等毒性以上的药剂。允许使用低毒及生物源农药、矿物源农药。限制使用的农药每年每种药最多使用1次，允许使用的农药每年每种药最多使用2次，限制使用和允许使用的农药必须按照要求施用，不同作用机理的农药交替使用和合理混用，避免病菌和害虫产生抗药性，应用生物农药和矿物源农药防治害虫；利用性诱剂，在田间放置性引诱剂和少量农药，诱杀柑橘小实蝇雄虫，减少与雌虫的交配机会。

二、主要虫害与防控

（一）柑橘螨类

为害海南甜橙的螨虫主要是柑橘全爪螨，又称红蜘蛛，属于叶螨科，全爪螨属。

1. 寄主作物

柑橘全爪螨为害柑橘类植物，茶、桑、桃、木瓜、菠萝、洋蒲桃、葡萄、香蕉、美人蕉等经济植物和园林植物也是其寄主。

2. 为害特点

成螨、若螨和幼螨均能为害，以口器刺吸叶片、绿色枝梢及果实表皮汁液，但以叶片受害最重，特别是柑橘苗圃和幼年树。被害叶片表面呈现许多灰白色小斑点，失去光泽。为害严重时全叶灰白，大量落叶，影响树势和产量；果实表面布满灰白色失绿斑点，全果苍白，影响产量。

3. 生活习性

甜橙一年中以春、秋两季发生最为严重。4—5月春梢时期，从老梢上迁移至新梢为害，迁上新梢后1个月左右，就成灾害。6月虫口密度开始下降，7—8月高温季节数量很少，秋季虫口又复上升，为害秋梢也较严重。一般来说，春季的高峰比秋季的高峰为害严重。秋梢受害严重时，冬季会出现大量落叶。

4. 防治技术

（1）田间管理

加强水肥管理，增施磷、钾肥，切忌偏重氮肥，使植株健壮，增强植株抗性。注意修剪，除去病、虫、弱枝，使植株通风透气良好，适时翻土，合理修剪，清洁果园，减少越冬虫源。

（2）化学防治

加强虫情测报，春、秋季虫口密度平均每叶达2~3头，夏季平均每叶达4~6头时即可进行化学防治。推荐用药：嫩梢期用1.8%阿维菌素乳油1 000倍液，或用73%克螨特乳油2 000~3 000倍液喷雾，仍会出现少量水渍状斑点，但日后随叶片转绿而消失，新梢老熟后可用上述药剂1 500倍液，或用50%托尔克（苯丁锡）可湿性粉剂2 000~3 000倍液喷雾，药剂轮替使用。另外推荐3个关键时期用药，包括立春前后天气转暖初期、春梢萌发转绿前、秋梢萌发转绿前后。

（二）柑橘潜叶蛾

1. 寄主作物

柑橘潜叶蛾的寄主植物有柑橘和橘壳等，是柑橘嫩梢嫩叶期最重要的害虫之一。

2. 为害特点

以幼虫在柑橘嫩茎和嫩叶表皮下钻蛀为害，形成白色弯曲的虫道。被害叶片卷缩硬化，容易脱落，使新梢生长停滞，严重影响树势及翌年开花结果（图50）。春梢期受害较轻，夏、秋梢期受害严重，尤以苗木和幼树发生更多。同时，幼虫为害造成的伤口，有利于柑橘溃疡病病菌的侵染，被害叶片又常是柑橘红叶螨、卷叶蛾等害虫越冬和聚集的场所。

图50　甜橙潜叶蛾为害症状

3. 生活习性

在春梢期发生最轻，夏梢期、秋梢期发生严重，以8月下旬至9月下旬虫口密度最大，10月以后发生数量下降。秋梢被害除影响树势外，还影响结果母枝的培养，导致翌年产量下降。在冬梢上，有时仍可见少数幼虫为害。幼虫孵化后即由卵壳底面潜入叶表皮下蛀食叶肉，边食边前进，逐渐形成弯曲的白色虫道。

4. 防治技术

（1）农业防治

结合栽培管理措施进行抹芽控梢或夏剪以抑制虫源是防治潜叶蛾的根本措施，抹芽控梢，去早留齐，去零留整，或在计划放秋梢前15~20天进行夏剪，可以在一段时期内，中断其主要寄主食物，恶化其营养繁殖条件，有效地抑制其发生量。冬季结合修剪，剪除被害梢，以减少越冬虫口基数。同时，摘下或剪下的嫩梢、虫叶和被害枝应集中处理，以直接消灭害虫。此法还可兼治其他新梢害虫。统一放梢有利于集中喷药，还有利于树冠整形。

（2）化学防治

新梢抽生5 cm左右时，当发现5%左右的新梢叶片受害时开始用药，连续用药1~2次，药剂可交替选用1.8%阿维菌素乳油1 000倍液；或用35%克蛾宝1 000倍液；或用10%吡虫啉可湿性粉剂2 000倍液等药剂喷雾。

（三）柑橘蚧类

柑橘介壳虫类有吹绵蚧、矢尖蚧、红蜡蚧等，海南甜橙受吹绵蚧和红蜡蚧为害最为严重。

1. 寄主植物

除柑橘外，还常见于木麻黄、台湾相思、木豆、山毛豆等护田林木上。观赏植物玫瑰及茶树上也有发生。

2. 为害特点

以若虫、雌成虫群集在柑橘等植物的叶芽及枝条上为害，使叶色发黄，枝梢枯萎，引起落叶、落果，树势衰弱，甚至全株枯死。它分泌的蜜露诱致煤烟病，影响光合作用。

3.生活习性

发生喜温暖高湿,气温在25～26 ℃,最适合吹绵蚧的生长发育和繁殖,干热对其发育不利,温度达39 ℃即引起死亡。此外,蚧类性喜生活于阴湿及空气不甚流通或阳光不足等处,故果树密生的下部叶片上虫口数量较多。

4.防治措施

（1）田间管理

加强果园肥水管理、增强树势,防治蚧类为害造成的树势早衰。合理修剪,使果园通风透光,造成不利于蚧类生活的环境。同时,结合修剪在卵孵化前剪去虫枝,集中烧毁。在寄生蜂活动季节除吹绵蚧等活动性较大的蚧类外,剪下的虫枝集中放于果园外的空地上,待1周后再行烧毁,以便保护天敌。

加强苗木和果实的检疫措施,防止蚧虫扩散蔓延。有介壳虫寄生的苗木可用硫酰氟（36～40 g/m³）进行熏蒸处理4 h,既能杀死蚧类,又不影响苗木的生活力。

（2）田间检测

掌握卵在盛孵期喷药,尤其掌握在第1代卵的盛孵期或1～2龄若虫蚧期喷药,这是防治蚧类害虫的关键时期。

（3）生物防治

天敌的利用和保护对控制蚧类种群数量尤为重要。蚧类昆虫的天敌颇多,如捕食吹绵蚧的大红瓢虫、澳洲瓢虫等都是蚧类昆虫的天敌。

（4）化学防治

用药适期应掌握在初孵若虫盛期喷药,每隔10～15天1次,连续2～3次,效果很好。常用药剂有:10%吡虫啉可湿性粉剂20～40 g/亩,或用25%噻嗪酮可湿性粉剂50～100 g兑水100 L喷雾,或用30%噻虫嗪800倍液,或用240 g/L螺虫乙酯4 000～5 000倍液喷雾。

（四）柑橘木虱

1. 寄主作物

柑橘木虱的寄主作物有枸橼、柠檬、雪柑、黎檬、蕉柑、芦柑、红橘、柚、黄皮、月橘、罗浮和九里香等芸香科植物。

2. 为害特点

以成虫和若虫群集取食，嫩芽和老叶均受其害，但以幼嫩部分受害较重。嫩芽和嫩梢受害可致枯萎，新叶畸形扭曲。一般叶片受害使叶色发黄，长势衰弱。此外，柑橘木虱是传播柑橘黄龙病的媒介。

3. 生活习性

海南1年发生8～14代，世代重叠，终年可见各个虫态。主要以成虫密集在叶背越冬，至翌年3月、4月开始在新梢嫩芽上产卵繁殖，一般秋梢期虫口数量最多，为害严重，秋芽常被害枯死。成虫为害时也传播柑橘黄龙病，特别是越冬代成虫传病率高。虫卵只能在放梢初期芽缝高湿环境下孵化，低龄若虫离开嫩芽就不能成活。

4. 防治技术

（1）科学的种植布局

在成片的果园内最好种植同品种，既方便栽培管理，又可造成不利于木虱发生的条件。砍除已失去结果能力的衰弱树，减少木虱虫源。在果园建造防护林，使果园有一定的荫蔽度，可减少木虱的发生量，同时有利于天敌对木虱的控制。

（2）加强田间管理

加强树冠管理，使枝梢抽发集中整齐，并摘除零星枝梢，减少柑橘木虱产卵繁殖场所。培育无病苗圃应注意隔离种植，减少木虱从邻近果园传病的机会。

（3）化学防治

每次抽芽1～4 cm发生木虱时喷药，可用2.5%溴氰菊酯1 500～2 000倍液喷雾，或用2.5%高效氯氟氰菊酯2 000倍液喷雾。

（五）柑橘小实蝇

1. 寄主作物

柑橘小实蝇的寄主范围很广，可为害果树、蔬菜和花卉。主要为害柑橘类、番石榴、杨桃、杧果、香蕉、莲雾、番木瓜、番荔枝、枇杷、龙眼、荔枝、青枣、黄皮、蒲桃、红毛丹、人心果、无花果及辣椒、番茄、丝瓜、苦瓜、黄瓜等，尤其对杧果、杨桃、番石榴和柑橘等的为害最重，是一种毁灭性害虫。

2. 为害特点

柑橘小实蝇主要为害寄主果实。成虫产卵于寄主果实内，幼虫孵化后在果内为害果肉，常常引起果实腐烂早落，引致减产，产卵时在果实表面形成伤口，致使汁液大量溢出，伤口愈合后在果实表面形成疤痕，产卵所形成的伤口容易导致病原微生物侵入，使果实腐烂。

3. 生活习性

成虫常在寄主与非寄主植物之间飞翔，喜好在竹园中栖息。飞翔能力极强，雌虫多在果实的软组织、伤口处、凹陷处和缝隙处等地方产卵，而很少在已有幼虫为害的果上产卵。成虫产卵时对寄主表现出较强的选择性，喜在番木瓜、杧果、柑橘等嗜食水果上产卵。幼虫老熟后从果实中爬出，弹跳或爬行到潮湿疏松的土表下2~3 cm，经1~2天预蛹期后化蛹。

4. 防治技术

（1）加强检疫

幼虫能随果实的运销而传播，越冬蛹也可随带土苗木传播。所以，严禁从疫区调运带虫的果实、种子和带土的苗木。调运时，必须经植检机构严格检查，一旦发现虫果必须经有效处理后方可调运。检疫除害处理可用$^{60}Co-\gamma$射线70Gy照射，蛹的死亡率可达100%，对柑橘类果实的质量无明显的影响。

（2）农业防治

一是合理安排种植结构，成片种植单一果树和品种，同一果园内及附近忌种柑橘小实蝇嗜食的不同成熟期的瓜果类寄主作物，减少寄主食物来源。

二是果实套袋。

三是清洁田园，在果实成熟期，每隔3～5天收集田间烂果、落地果或及时摘除被害果，集中处理。

四是翻耕灭虫，减少和杀死土中过冬的幼虫、预蛹和蛹。

（3）生物防治

诱杀成虫，利用柑橘小实蝇雌虫对黄色具较强的产卵趋性，可以在雌虫产卵期增加黄色诱器并结合添加乙酸乙酯的食诱剂以诱捕更多雌虫；用甲基丁香酚诱捕雄虫时，结合食诱剂，并使用绿色和橙色诱器，可以对柑橘小实蝇种群起到有效的控制效果。

（4）化学防治

药剂选用2.5%溴氰菊酯2 000～3 000倍液，或用21%甲维·丁醚脲乳油4 000倍液，或用2.5%多杀菌素悬浮剂1 500～2 000倍液，或用8%高氯·残杀威悬浮剂800倍液或5%阿维菌素1 500倍液+2.5%高效氯氟氰菊酯乳油1 000倍液喷雾。地面可撒施0.5%阿维菌素颗粒剂。

三、主要病害与防控

海南甜橙病害较多，主要病害有柑橘黄龙病、柑橘溃疡病、柑橘疮痂病、柑橘酸腐病、柑橘树脂病和柑橘煤烟病等。

（一）甜橙黄龙病

甜橙黄龙病是一种由细菌引起的毁灭性、传染性和检疫性病害。发病植株轻则树势衰退，产量骤减，果树品质下降；幼龄树发病后一般在1～2年死亡，发病后常未进入结果期就被摧毁；成龄树发病后在2～5

年枯死或丧失结果能力。该病通常被称为甜橙的毁灭性病害。

1. 为害症状

该病害属系统性病害，以抽梢期最易显示症状。发病初期的典型症状是在浓绿的树冠中抽发1~2条或多条发黄的枝梢，黄梢下部的老叶仍保持绿色。病株新梢小，落叶多，开花早而多。果实着色不均匀，叶质硬化而直立狭长，无光泽，叶脉微突。均匀黄化型多见于初发病树和夏、秋梢，病树不能当年转绿，叶片呈现均匀的黄化或淡黄绿色，病叶易脱落。斑驳黄化多见于春梢，新抽嫩叶正常能转绿，但是随着叶片老化，叶片逐渐褪绿转变浅黄色至黄色，病叶不易脱落。缺素型黄化主要症状是主、侧叶脉及其附近叶肉呈浓绿，叶脉间的叶肉变黄，与缺锌、缺锰和缺铁的症状相似。海南甜橙叶片的黄化主要表现为斑驳型黄化和缺素型黄化（图51，图52）。

图 51　甜橙黄龙病的整株症状　　　　图 52　甜橙黄龙病的叶片症状

2. 发病规律

田间病害的侵染来源主要是田间病树，带病苗木、接穗和带菌柑橘木虱。远距离靠带病种苗和接穗的调运，近距离靠带菌柑橘木虱辗转传播。

3. 防控措施

一是加强检疫，利用简便检测手段，加强对种苗和接穗等及快速检疫，建立甜橙无病苗木繁育体系，从砧木来源和接穗材料全面采种无病植株且全面脱毒。

二是果园科学的种植布局，尽量种植同一品种，砍除衰弱树，种植防护林，有一定荫蔽度；在湿度大的环境条件下可减少柑橘木虱发生量；加强田间水肥管理，提供植株抗性。

三是生物防治，保护天敌昆虫跳小蜂和姬小蜂等，天敌真菌有蚜虫霉和蚜笋顶孢霉等。

四是化学防治，及时防治柑橘木虱传播该病（见前文柑橘木虱防治），春、夏、秋三季嫩梢抽发期，统一留梢，待梢长1～2 cm时，根据情况及时用药，可用48%毒死蜱800倍液，或用25%噻嗪酮可湿性粉剂（优得乐）1 500倍液，或用10%吡虫啉1 000倍液。

五是减损栽培，培育无病容器大苗，及时更换田间病株，使之加快投产，在挖出田间病株时株穴消毒，残株集中销毁（图53，图54）。

图53 及时挖出田间病株　　　图54 幼树替换病株种植

（二）柑橘溃疡病

柑橘溃疡病是柑橘的危险性病害之一，也是影响海南甜橙产业发展的主要病害之一，是国内外检疫对象。柑橘溃疡病为害甜橙叶片、枝梢与果实，造成落叶、梢枯，果实有病疤，影响果实品质，重则落果。

1. 为害症状

在枝、叶、果实上均可出现症状，发病部位表面粗糙，病斑木栓化，呈火山口状开裂，有明显黄晕。叶片上的病斑两面穿透，夏梢受害严重，但无明显黄晕（图55，图56）。

图55　柑橘溃疡病为害甜橙的叶片症状（谢昌平　拍摄）

图56　柑橘溃疡病为害甜橙的枝梢症状（谢昌平　拍摄）

2. 发病规律

病害的发生与气象环境、栽培管理、生育期和树龄有一定的关系，病菌生长最适温度是25～30 ℃时，高温多雨天气有利于病菌繁殖传播。偏施氮肥的果园易发病；一年中以夏、秋梢为害最为严重，一般以6—10月为溃疡病盛发期。

3. 防控措施

（1）加强检疫

苗圃远离病区，培育无病苗木，砧木和接穗来自非疫区的健康植株，接穗消毒处理，可选用700 mg/L链霉素+1%酒精浸泡30～50 min，或用0.3%硫酸亚铁浸泡10 min，或用温汤浸种，47 ℃温汤处理病苗3次，每次10 min，每24 h 1次。

（2）加强管理

品种一致，合理施肥，控梢一致，加强修剪剪除病虫害枝、荫蔽枝、重叠枝，冬季清园。

（3）化学防控

适时用药，喷药保护新梢及幼果，新梢生长期喷药是在萌芽后15～20天，果实生长期喷药是在谢花后15天开始，可选用77%硫酸铜钙悬浮剂（多宁）500倍液，或用松脂酸铜800倍液，或用47%春雷·王铜（加瑞农）800倍液，或用77%氢氧化铜（可杀得）悬浮剂1 000倍液。

（三）甜橙疮痂病

甜橙疮痂病是一种真菌引起的病害，是海南甜橙的重要病害之一。主要为害叶片、新梢和幼果等幼嫩组织，也可以为害花萼和花瓣。病树生长不良，果实受害后表面粗糙，果小而味酸汁少，品质变劣。

1. 为害症状

主要为害叶片、新梢和果实的幼嫩组织，也可以为害花萼和花瓣。为害叶片多在春梢刚抽出的嫩叶，初期产生油渍状黄褐色圆形小斑点，逐渐扩大，颜色变为蜡黄色。后期病斑木栓化并隆起，多向叶背凸出，叶面凹陷，成圆锥形。病叶往往扭曲畸形。在天气潮湿时，在病斑表面长出灰褐色的粉状物的子实体。为害果实，发病初期产生水渍状的褐色斑点，后逐渐扩展为黄褐色木栓化凸起，表面粗糙。病果发育不良，果小、汁少味酸（图57，图58）。

图 57　甜橙疮痂病的植株症状（谢昌平　拍摄）

图 58　甜橙疮痂病的果实症状（谢昌平　拍摄）

2. 发病规律

病害的发生与气候条件、生育期、栽培管理和树龄有密切关系。发病最适温度为20～24 ℃，抽梢期遇连绵阴雨的天气有利于发病；当气温为28 ℃及以上时，病害发生很少或不发生。为害嫩叶以刚抽出尚未展开的嫩叶、嫩梢和刚谢花的幼果最易于发病，果实一般以5月、6月的幼果易发病。合理修剪，适当施肥，新梢整齐一致的往往发病较轻。

3.防治方法

（1）农业防治

加强管理，培养壮树，抽梢整齐，缩短梢期，结合修枝，加强田间卫生，保持园内及树冠通风透光，降低湿度。

（2）化学防治

适时用药，幼龄树每抽梢嫩芽3~4 cm时，成年树幼果期，可选用50%多菌灵可湿性粉剂600倍液，或用10%苯醚甲环唑水分散粒剂2 000~2 500倍液，或用25%嘧菌酯悬浮剂600~1 000倍液，或用77%可杀得悬浮剂1 000倍液等。

（四）柑橘酸腐病

柑橘酸腐病称白霉病，是柑橘贮藏期常见的病害之一。病菌从果蒂或果皮伤口入侵，初期病部果皮呈水渍状淡黄色至黄褐色圆形病斑，极度软腐，手指碰到即破。病果可流出汁液，散发出强烈的酸臭气味。酸腐病一个独特的特征就是病果极易招引果蝇产卵，凡有幼蛆爬行的病果，肯定就是酸腐病的病果。

1.为害症状

病菌从蒂部或伤口侵入，病斑初期圆形，水渍状，后迅速蔓延至全果，病部变软多汁，呈黄褐色，似开水烫过状，轻擦果皮，其外表皮很易脱离，以手触之即破。后期病部生出白色菌丝，稀薄覆盖于果面，有酸臭气味，最后成为一堆溃不成形的腐物。

2.发病规律

酸腐病在柑橘采收后贮藏期碰到温暖潮湿的天气时易发病，特别是用薄膜袋包装贮藏的果实发病较多。病菌从伤口侵入，能产生一种酶，迅速破坏果皮，使之极度软腐。

3.防治方法

果实膨大期，叶面喷施富含钙等中微量营养元素的叶面肥，增加果实韧性，提高果实品质及抗病性。

果实膨大期至采收期间，做好吸果夜蛾、柑橘小实蝇的防治。

雨前或雨后施压施药保护，药剂可选用27.12%碱式硫酸铜悬浮剂400倍液+5%氨基寡糖素水剂1 000倍液喷施。

（五）甜橙炭疽病

甜橙炭疽病是真菌性病害，是由炭疽菌属侵染所引起的、发生在甜橙上的一种病害。主要为害叶片、枝梢、花、果实、果梗和苗木，常造成叶枯、梢枯、落花、落果及果实腐烂。

1.为害症状

甜橙炭疽病主要为害叶片、枝梢及果实，也可为害大枝、主干、花和果梗。

（1）叶片症状

叶斑型：干旱季节发生较多，病斑多发生在成长叶片或老叶的近叶缘、叶尖处，半圆形或近圆形。

叶枯型：多从叶尖开始，初期为暗绿色水渍状，后迅速扩展成黄褐色云纹状大病斑，病部组织枯死后，常呈"V"字形，病健分界不明显，常造成大量落叶（图59）。

（2）枝梢症状

病梢由梢顶向下枯死，病斑多发生在受冻害后的秋梢上，初为淡褐色椭圆形病斑，后扩大为灰白色长梭形，环绕枝梢1周时，病梢由上而下呈灰白色或淡褐色枯

图59　甜橙炭疽病为害叶片的症状
（谢昌平　拍摄）

死，与健部交界明显，其上有黑色小粒点。

（3）花果症状

花期受害，雌蕊柱头变褐腐烂，引起落花。幼果受害，暗绿色油渍状斑点，后扩至全果，病斑凹陷，变为深褐色，引起腐烂落果或干缩成僵果挂在树上经久不落（图60）。

图60　甜橙炭疽病为害幼果的症状（谢昌平　拍摄）

2.发病规律

一年中不同时期分生孢子传播量的多少，主要取决于降雨次数和降雨持续时间的长短，一般在春梢生长期开始发病，若遇到高温多雨的夏初和暴雨后发病就特别严重，所以，一年中在夏、秋梢上发病较多，采收后也会发病。

3.防治方法

（1）加强管理，增强树势

加强栽培管理、增强树势为重点。施肥上，通过采取施用有机肥、减少氮肥施用、增施磷钾肥、补施微量元素肥料的方法来调节树体营养，增强树势，提高抗病力。

（2）清洁果园，减少菌源

结合果树修剪，剪除病梢、病叶和病果，同时清除落叶、枯枝和落果，并集中烧毁，减少病源。冬季清园后，结合冬季病虫防治喷施1次石硫合剂，以消灭存活在树体的病源。

（3）化学防治

在春、夏、秋梢的嫩叶期各喷药保护1次；保护幼果在落花后15天进行，每隔10~15天喷药1次，连喷2~3次；如果有急性型病斑出现时，立即进行药剂防治。保护新梢叶片和幼果，可选用70%甲基硫菌灵可湿性粉剂500倍液，或用50%多菌灵可湿性粉剂500倍液，或用50%百菌清可湿性粉剂200倍液等进行喷雾预防。如果已发现病斑，可选用10%苯醚甲环唑水分散粒剂5 000倍液，或用45%咪鲜胺水乳剂1 000倍液，或用70%甲基硫菌灵可湿性粉剂500倍液+75%百菌清可湿性粉剂500倍液等进行喷雾防治。

（4）适时采收，去除病果

果实采收时，要及时清除病果，然后才能进行贮藏和运输。贮藏和运输期间的温度要保持在5~7 ℃，就可以有效减轻果实柑橘炭疽病的发生。

第五章

甜橙采收

一、适熟采收

海南甜橙在正常成熟时表现出固有的色泽、香味、风味和口感品质特征，要及时采收，用枝剪采收，做精品果要"一果两剪"，果蒂平齐，如果延时采收不仅易落果，还会影响翌年度果树开花结果，同时还会降低果实品质，容易腐烂，不耐贮存。

海南甜橙果实成熟一般果汁增多，酸度降低，含糖量增加，果皮黄绿，果肉呈黄色，变软，糖酸比增大，糖度一般大于10°Brix，具独特的清香味（图61）。

图 61　可采成熟度

二、采收方法

采收天气：应该在晴天露水干后进行采收，避免在阴雨天采收，否则易导致病虫害发生。

采收工具：一般用剪刀剪果，"一果两剪"，第1剪从树上或带叶剪下，第2剪果蒂完好并与果肩齐平或不超出果肩，避免果间相互刺伤。

采收顺序：采收时由下向上，由外到内，也就是先由植株的下层到上层，由植株的外围到内膛依次采收。

采收过程：采收果实时应戴手套和口罩，采收过程中要做到"四轻要点"，即轻摘、轻放、轻装、轻卸，过程中防止碰伤、压伤。

三、采后分级

果实分级是根据果实的大小、色泽、性状、成熟度、病虫害及机械损伤等情况，按照规定的标准进行分级，使得果实规格、品质一致，便于包装、贮运和销售，实现标准化生产。

（一）规格等级标准

规格等级划分参照《地理标志产品　琼中绿橙》（GB/T 22440—2008）。

表1　果实大小规格

项目	L（大果）	M（中果）	S（小果）
果实横径（d）/mm	75 ≤ d ≤ 85	65 ≤ d ≤ 75	60 ≤ d ≤ 65

（二）感官要求

海南甜橙感官要求应具有本品种特有的性状，无异味。不得有枯水、水肿、内裂和腐烂。果肉颜色橙色、果汁多、化渣、味甜、甜酸适口。其他要求见表2和图62。

表2　果实感官要求

项目	特等	一等	二等
果型	近圆形，端正	近圆形，较端正	近圆形，较端正，无明显畸形

（续表）

项目	特等	一等	二等
色泽	绿色至黄绿色，着色均匀	黄绿色，着色较均匀	绿黄色，黄色面积不超过总面积的50%
果面	光滑、洁净，无病虫斑、褐色油斑、机械伤和药痕等附着物	光滑、较洁净，病虫斑、褐色油斑、机械伤和药痕等附着物合并面积不超过果皮总面积的5%	较光滑、较洁净，病虫斑、褐色油斑、机械伤和药痕等附着物合并面积不超过果皮总面积的10%

图62　果面色泽

（三）理化指标

见表3。

表3　理化指标

项目	指标
可食率 /%	≥ 75
可溶性固形物 /%	≥ 10
总酸量 /%	≤ 0.40

（四）分级方法与包装

1. 分级方法

目前果实分级方法主要有人工分级和机械自动化分级，对于小果园多数采用人工经验分级，这一方法误差大、用工多、劳动力成本高、工作效率低。而对于大果园多采用机械自动化分级作业，工作效率高，误差小，标准化程度高（图63）。

图63　甜橙果实机械自动化分级

2. 果实包装

包装是保证果实安全运输的重要措施。包装可减少果实在运输、贮藏和销售过程中的摩擦、挤压、碰撞等造成的损失，减少病虫害传染和水分蒸发，延长货架期和贮藏寿命。结合礼品果包装要求，美观、便捷、特色鲜明、重量适当，一般可分为2.5 kg/件、5.0 kg/件、10 kg/件等。

（五）果实保鲜

甜橙保鲜的方式有冷藏保鲜、留树保鲜、留叶保鲜、药物保鲜等。

1. 冷藏保鲜

采后经过2～3天的预冷达到最终温度，贮藏期间温度控制在2～10 ℃，湿度85%～90%，能保鲜1个月左右。

2. 留树保鲜

在果实成熟期喷施1～2次2,4-二氯苯氧乙酸（2,4-D），浓度为20 mg/L，以抑制果蒂离层，减少落果。同时喷10 mg/L赤霉酸，延缓果实衰老。留树保鲜对树体营养消耗较大，应注意补充树体营养。

3. 留叶保鲜

留叶保鲜是指果实采收后每个果蒂上留1～2片叶，其目的是避免果蒂失水过快，起到延缓果实老熟的作用，缺点是不便采后处理。

4. 药物保鲜

目前常用的方法是给果实打蜡，涂多糖酯涂料，浸防腐剂等对果实的保鲜处理。

参考文献

崔一平，彭埃天，李子力，等，2019. 海南省柑橘主产区黄龙病和病毒病的发生危害情况调研初报[J]. 植物保护，45（4）：236-242.

海南省质量技术监督局，2004. 绿橙生产技术规程：DB460036/T 2—2004[S]. 海口：海南省质量技术监督局.

金忠泽，2015. "澄迈福橙"优质丰产"标准化"种植技术[J]. 中国热带农业，67（7）：74-77.

金忠泽，2013. 澄迈福橙产业发展的思考与建议[J]. 中国果业，30（3）：19-22.

林培，2008. 琼中绿橙栽培技术[J]. 现代农业科技，20（1）：52-54.

林培，杨海中，李团，2011. 绿橙高产栽培技术[M]. 海口：南海出版公司.

中华人民共和国国家质量监督检验检疫总局，中国国家标准化管理委员会，2008. 地理标志产品　琼中绿橙：GB/T 22440—2008[S]. 北京：中国标准出版社.

钟广炎，钟云，闫化学，等，2016. 无病容器大苗在柑桔黄龙病综合防控中的应用价值[J]. 广东农业科学，43（5）：92-95.

附 录　海南甜橙无病容器大苗种植周年管理工作要点

月份	发育特点	工作重点	工作内容
1月	花芽分化、春梢萌发、花芽抽出	施肥促春梢	1.完成有机肥施用,结果树结合施化肥;2.干旱时施肥结合灌水促梢整齐抽出;3.春梢抽出后喷药保梢,主要防治螨类、介壳虫、食叶蛾和溃疡病
2月	春梢抽出、花芽萌发	保梢保花	1.幼树春梢老熟后施肥保梢;2.结果树花芽大量萌发前喷药杀虫灭菌,开花时停药促进昆虫授粉;3.春梢看情况选留2～3枝,其余抹除;4.注意防治病虫害,包括螨类、蚜虫、潜叶蛾、疮痂病等
3月	春梢老熟、夏梢萌发、开花期	施肥保梢保花	1.幼龄树春梢继续留梢梢疏芽,整齐放梢,对整齐抽出后的梢统一喷药保梢;2.结果树树花后3～5天喷1次细胞分裂素保果,第2次生理落果后(20天左右)再喷1次;3.天旱时注意灌溉保湿;4.注意防治病虫害,包括螨类、蚜虫、潜叶蛾、炭疽病等
4月	夏梢生长期、生理落果	保梢保果	1.幼龄树夏梢长到15cm左右,疏芽并每枝选留2～3条;2.结果树生理落果后,视情况施肥保果;3.结果树如抽夏梢视情况而留梢;4.注意防治病虫害,包括螨类、蚜虫、潜叶蛾、炭疽病等
5月	夏梢生长期、老熟期、小果期	保果	1.幼树加强水肥管理,促夏梢壮;2.结果树视树势情况施壮果肥;3.注意防治病虫害,包括螨类、潜叶蛾、溃疡病、炭疽病、树脂病等
6月	晚夏梢萌发、小果生长	保梢保果	1.幼树晚夏梢萌发,整齐放梢,抹芽;2.幼树晚夏梢萌发施肥促梢,疏芽留壮梢,疏去病虫害果、畸形果、过多果、留果参数约为(40～60):1,即每40～60片叶留一个果;3.结果树果实长至近乒乓球大小时疏果,主要保留保梢、留果、修剪促长枝;4.喷药保梢保果,防治螨类、介壳虫、蚜虫、食叶蛾、潜叶蛾、溃疡病、炭疽病、树脂病等

（续表）

月份	发育特点	工作重点	工作内容
7月	晚夏梢生长期、果实膨大期	保梢保果	1. 幼树晚夏梢老熟时，追肥壮梢，攻抽秋梢；2. 雨季防止积水；3. 割杀草粉碎还田；4. 适度修剪，剪除过弱枝、过密枝荫蔽霸王枝等，病虫枝荫蔽枝等；5. 重点防治介壳虫、食叶虫、溃疡病、炭疽病、树脂病等
8月	秋梢萌发、果实膨大	施肥促秋梢	1. 施肥攻秋梢，幼树和结果树均攻秋梢，结果攻梢壮果结合，每株施有机15 kg左右，高钾复合肥1 kg左右；2. 抹芽放梢，留梢整齐；3. 喷药保梢保果，主要防治介壳虫、食叶蛾、溃疡病、炭疽病、树脂病等
9月	秋梢萌发生长、果实发育	壮梢保果	1. 幼树主要留晚秋梢抹芽；2. 结果树注意剪疏留晚秋梢，每枝选留2～3条秋梢；3. 主要防治介壳虫、潜叶蛾、芽虫、溃疡病、炭疽病、树脂病等
10月	秋梢老熟、果实发育	保梢保果	1. 准备有机肥待采后施用；2. 果园用灯、粘虫板等诱杀害虫；3. 注意台风雨后喷药保果；4. 主要防治介壳虫、食叶蛾、溃疡病、树脂病等
11月	果实成熟、秋梢老熟	采果、开始冬管	1. 幼树在秋梢老熟后扩穴深翻埋肥；2. 结果树采收前20天左右停止用药，判断成熟度；3. 果园用灯、粘虫板等诱杀害虫，特别注意诱杀柑橘小实蝇；4. 幼树挂果前适时采收，1年可环割控梢
12月	采果期、花芽分化期	采果冬季清园	1. 采果后重施有机肥，恢复树势；2. 冬季清园，修剪挂果弱枝、病虫枝、交叉枝、霸王枝、清理落果、集中销毁，全园喷施石硫合剂或波尔多液；3. 深翻断根、重施有机肥、杂草粉碎还田，抹除冬梢